我的小问题·科学 第二辑

气味

[法] 安热莉克·勒图兹 / 著
[法] 奥萝尔·卡里克 / 绘
唐波 / 译

北京时代华文书局

什么是气味？

啊……烤好的法式咸派真香呀！如果在显微镜下观察，会看到法式咸派释放出了一些细小物质，它们被称为**分子**。随后它们会飘入你的**鼻子**中，就是在这一刻，这些分子被**嗅觉**探测到了。

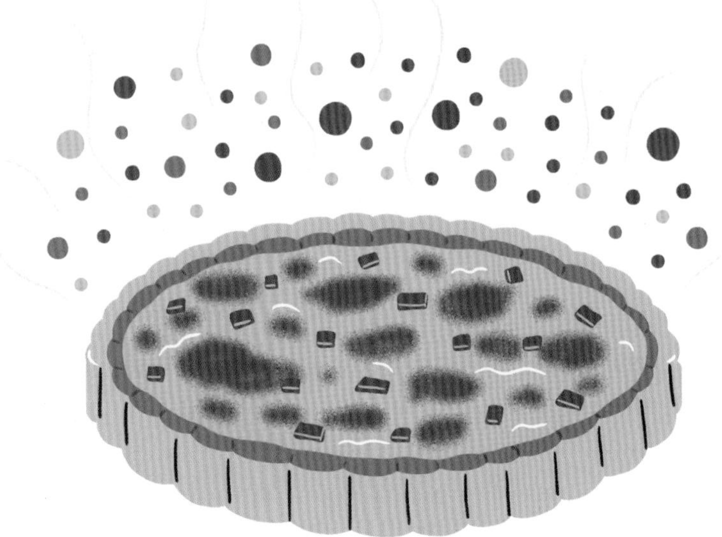

和大多数气味一样，法式咸派的气味是由很多气味**分子组合**在一起而形成的，这些分子有成百上千个！**大脑**会将这些气味分子识别为法式咸派的气味。

气味分子的数量发生变动，气味会发生翻天覆地的变化。**吲哚**是茉莉花香气的成分，数量很少时，我们能闻到花儿的芳香；但是数量很多的话……闻到的就是粪便的臭味了！还有柠檬烯分子，它会因为左旋还是右旋而产生不同的气味。

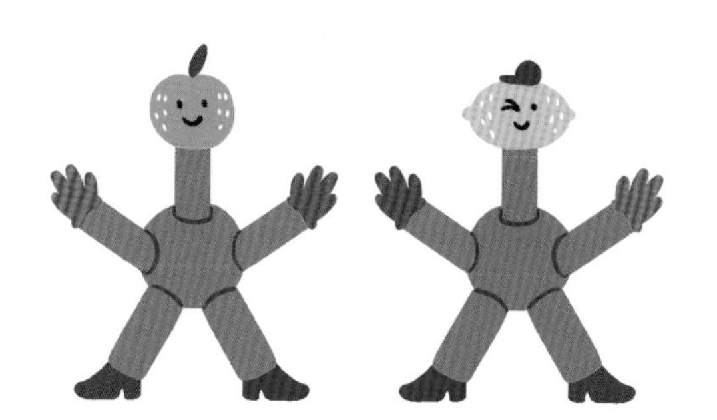

小实验

说说都有哪些气味

梨子、玫瑰、香草、冷杉……试着不说出它们的名称，不使用形容外观的词语，对它们的气味进行描述。

这不是一件容易的事，对吗？

我们无法准确地描述气味，因为很难找到合适的词；而对看到或听到的事物，我们却能较容易地想到相关词语。所以，当我们描述梨的气味时，通常说的就是："梨的气味！"

我们是如何闻到气味的？

当我们剥橙子时，在空气中传播的气味分子会附着在鼻腔里的细长丝状物，即**嗅觉纤毛**上。

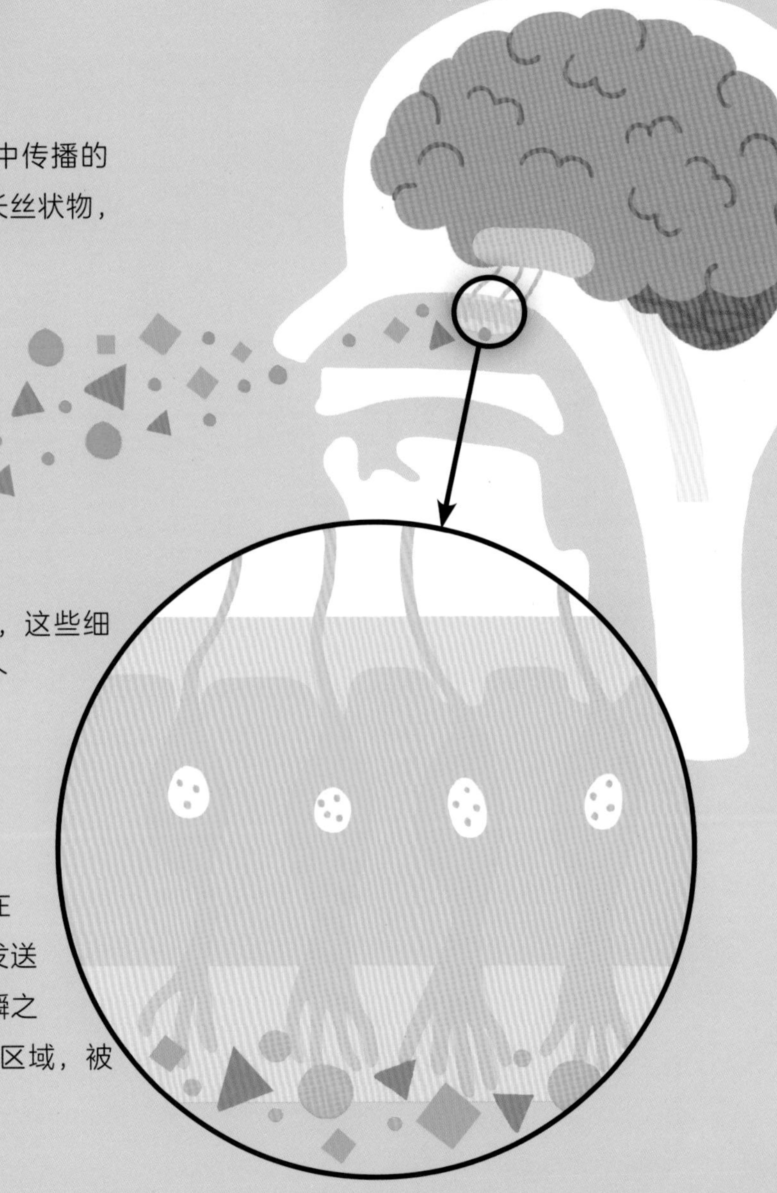

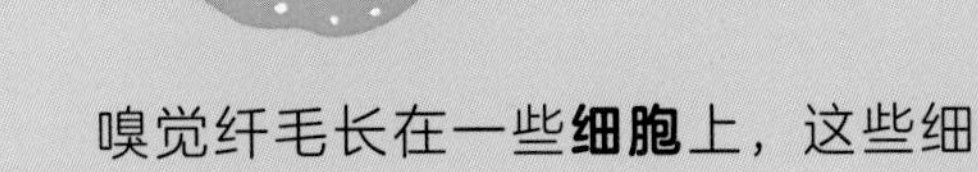

嗅觉纤毛长在一些**细胞**上，这些细胞被称为**神经元**，与大脑的一个区域，即**嗅球**相连。

这样，气味分子刚刚附着在嗅觉纤毛上，相关信息就会被发送给大脑，让我们做出反应。转瞬之间，这些信息会进入大脑其他区域，被分析和存储。

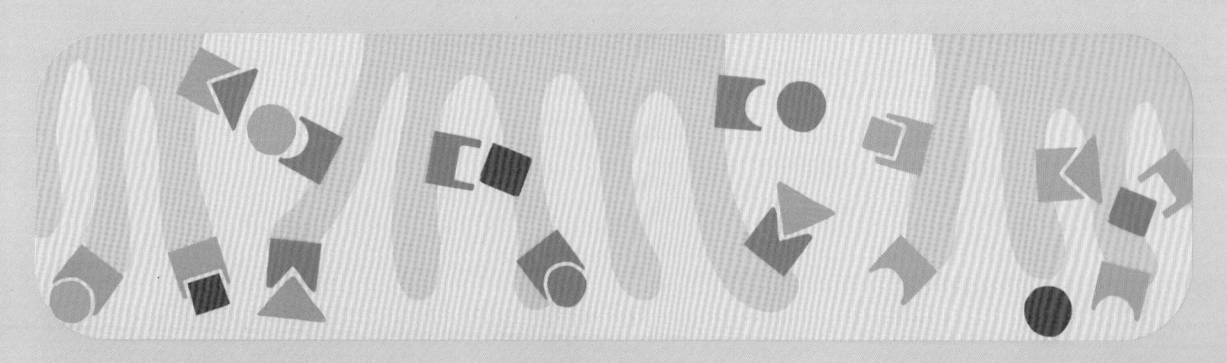

能看到万物颜色的感受器上，只有 3 种感知颜色的视锥细胞，然而我们体内约有 400 种**嗅觉受体**！这些嗅觉受体因人而异，每一种能识别的气味也是不同的。

同样的气味分子附着在不同感受器上，我们识别出的气味自然也就不一样了。

小实验

哪一种气味更持久？

准备 1 个丁香花花蕾、1 片薄荷叶和 1 个秒表。

1. 将丁香花花蕾在你的左手腕处摩擦 10 秒钟。

2. 用新鲜的薄荷叶在你的右手腕处做同样的操作。

3. 立刻闻你的手腕。启动秒表，并分别在 2 分钟、5 分钟和 10 分钟后再次闻你的手腕。

你注意到了吗，10 分钟后，薄荷的气味几乎消失了，而丁香的气味几乎没有变淡。这说明薄荷的气味分子比丁香的气味分子扩散得更快。

我们能闻到所有气味吗？

据宇航员描述，太空有烤牛排和火药的气味。不过，能出乎意料地闻到某种气味，并不意味着能闻到所有气味！

要想被我们的鼻子探测到，气味分子至少要符合以下几个标准：

· 可以**扩散**，也就是能轻易地从物质里脱离出来。一些可以**溶解**于油脂的分子就属于这种情况。

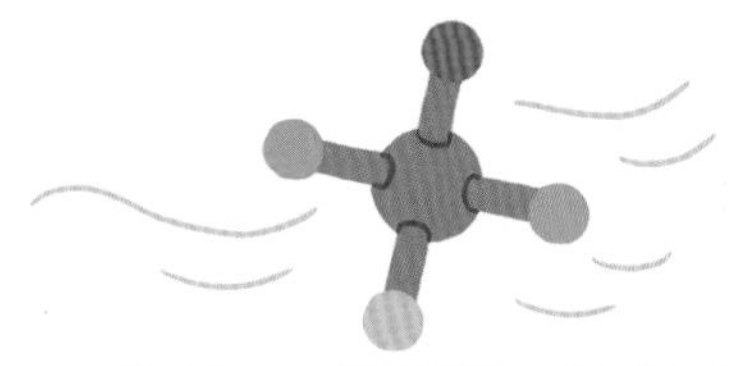

· 体积小，重量轻。这样才能在空气中四处扩散，进入我们的鼻子。

· 达到足够的数量，这样才能被闻到。

· 能够被嗅觉受体识别。

小实验

气味喜欢油脂

准备 3 个玻璃杯、1 种气味轻微或无气味的油（葵花籽油、菜籽油等都可以）、水、1 种香料（比如香草）和 1 个可以密封的盒子。

1. 在第一个玻璃杯中倒入一点油，第二个玻璃杯中倒入一点水，第三个玻璃杯中滴入几滴香料。

2. 将 3 个玻璃杯放入盒子中，把盒子盖好后放在光线充足的地方。

3. 两天后，先闻闻装有水的杯子，再闻闻装有油的杯子，你发现了什么？油吸收了香料的气味，而水却没有！这是因为大多数气味分子可溶于油脂但不溶于水。因此在烹饪食物时加入油脂是很重要的。

有些分子没有满足这些条件，这就是为什么并不是所有气味都能被闻到，比如我们去闻纯净水和玻璃，就闻不到气味。我们说，它们是**无气味的**。

为什么水果闻起来很香，而屁闻起来很臭？

成熟水果散发出的芳香告诉我们，这些水果可以食用。至于屁嘛，闻起来有**硫磺**味，大脑认为这种气味有危险。这就是我们不喜欢屁的原因！

气味对生物的影响重要且深远：可以让生物避开危险，找到食物并为消化做好准备，还影响着生物的情绪、感情、行为、记忆……

闻到燃烧、煤气和变质食物的气味后，我们会快速做出反应，但这并不意味着嗅觉可以一直保护我们。我们是无法闻到一氧化碳的，这是一种没有气味但致命的气体。氰化物是一种存在于一些植物（比如木薯）中的有毒物质，会散发出令人舒适的苦杏仁味，然而它的毒性极强！

小实验

变质的食物

把吃剩的鱼和肉放入一个容器里，常温保存。盖上容器之前，闻一闻这些剩菜的气味。

几天之后，再闻一闻这些剩菜的气味。

只是闻到气味，就知道这些食物不能再食用了。食物上长出了一些**细菌**，散发出类似硫磺的气味，我们自然会排斥，从而避免了食用可能有毒的食物。因此，吃食物前先闻一闻，是判断它是否可以食用的最好方法！

为什么爷爷喜欢气味很冲的奶酪？

和爷爷一样，很多法国人喜欢卡芒贝尔奶酪、马鲁瓦勒奶酪，还有埃普瓦斯奶酪。可是，如果我们的袜子闻起来也像这些奶酪一样，气味那么冲的话，会立刻被扔进洗衣机里！

小实验

进行一次调查

请你的同学回答下列问题：

1. 你最喜欢的三种气味是什么？
2. 你最不喜欢的三种气味是什么？
3. 讲述一段与一种气味有关的记忆。

比较一下这些回答。

尽管大家有一些共同点，但回答不完全相同，因为每个人的生活经历不一样。

在各种文化中，在所有家庭里，每个人都有自己喜好的食物。比如榴莲，这种带刺的水果有一种特别难闻的气味，但是在东南亚却非常受欢迎。人们有自己熟悉的气味，对气味的喜爱与厌恶各不相同。

但还有一些人人都不喜欢的气味。我们的大脑会判断出哪些气味是不正常的，如果食用了发出这些气味的食物，就会有生命危险。变质腐烂的肉散发出的气味就属于这种情况。

相反地，以腐烂的动物遗体为食的动物就会被这些气味吸引！

在水中会闻到气味吗？

人类在水中无法闻到气味，但是小宝宝还在妈妈腹中时，却能在包围他的**羊水**中做到这一点。多亏有嗅觉，小宝宝通过闻那些经由**胎盘**和**脐带**传来的气味，形成了关于气味的初步记忆。

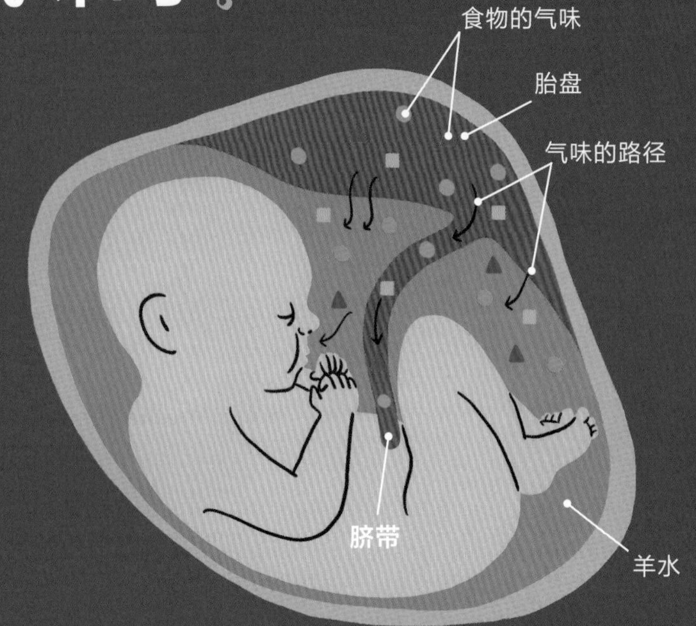

小实验

超级鼻子

你需要 1 只小狗或小猫来和你一起完成这个实验，再准备 4 个玻璃杯、1 个勺子、标签纸、1 支铅笔、1 支记号笔、纸、水和金枪鱼罐头汁。

1. 给 4 个玻璃杯贴上标签纸，并用记号笔从 1 到 4 给它们编上号。

2. 用勺子柄蘸取 1 滴金枪鱼汁，滴入 1 号杯子里，然后在 2 号杯子里滴入 5 滴，在 3 号杯子里滴入 10 滴，4 号杯子里不用滴。

3. 洗干净手，将 4 个玻璃杯灌满水，放在另一个房间里（金枪鱼的气味很浓烈！）。

许多海洋动物，比如鱼儿，有着出色的嗅觉。而在这些**嗅觉**极其**敏锐**的动物里，最有名的就是鲨鱼。它们利用强大的嗅觉给自己指引方向，在几百米开外的地方，就可以探测到猎物血液的气味！

甲壳类动物利用嗅觉来抱卵孵化，寻找庇护所，脱离危险。龙虾通过挥动触须，能闻到几十米外猎物的气味。

4. 先闻 4 号杯子，然后闻 1 号杯子，你闻到金枪鱼的味道了吗？对 2 号和 3 号杯子进行同样的操作。用铅笔在纸上写下你的实验结果。

5. 然后把 1 号杯子和 4 号杯子放在小猫或小狗面前，它会被哪个杯子吸引呢？

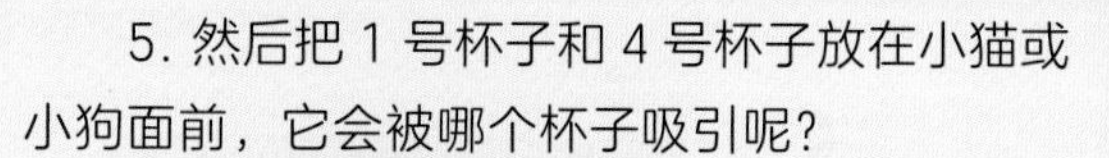

它立刻走向了你没有闻到气味的 1 号杯子！只有气味分子达到一定数量时，我们才可以闻到。而小狗和小猫就不一样了，即使气味分子浓度非常低，它们也可以探测到。

为什么某些气味会唤起我们的回忆？

当闻到月桂的气味时，阿勒特眼前突然出现了自己 5 岁时和哥哥阿耐尔踢足球的场景，那时球门旁边长着一些月桂树。这种情况并不会经常发生，但是当一种气味唤起我们的一段回忆时，这段回忆会变得非常清晰，就像我们回到了那个场景，把一切又亲身经历了一遍。

你有没有注意到，那些开心愉悦的事会记得很清楚，而那些不开心的事却很快就忘记了？当我们身心放松，而且不刻意躲避不喜欢的气味时，时间会处理我们当下的感觉，决定把哪些留在记忆里。

气味很容易让我们回想起过去，因为我们的嗅觉与情绪密切相关。月桂的气味不仅让阿勒特回忆起往事，还让他非常开心。在大脑里，处理气味、情绪和记忆的部位都位于同一区域，即**边缘系统**里。

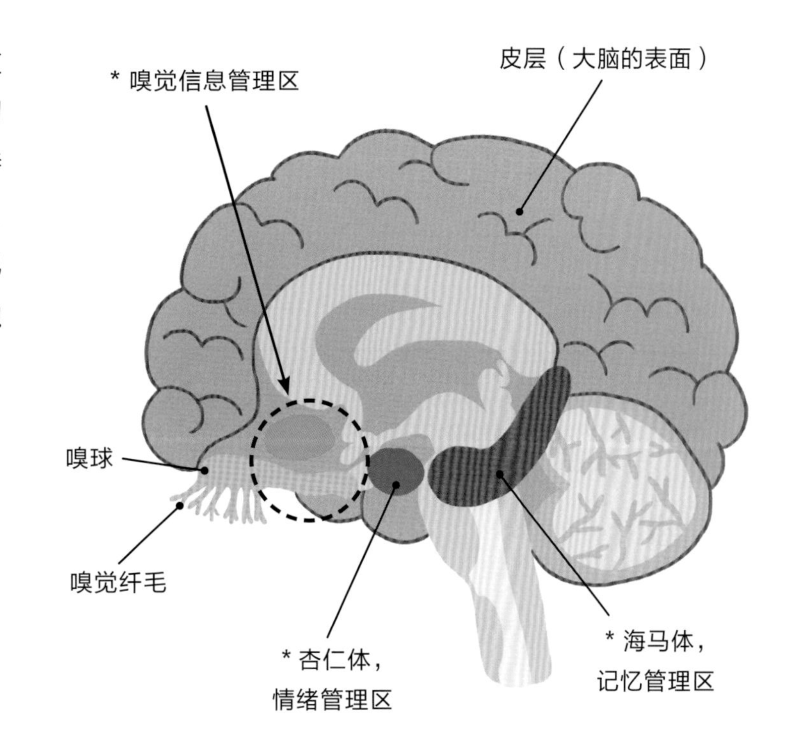

在大脑里，嗅觉是唯一经过情绪管理区到达大脑皮层的感觉。这样，在意识到危险之前，情绪就让我们做出了反应。

我们产生某种情绪时，也在感受着环境里的气味，并对气味进行记忆存储。如果我们焦虑时闻到了一种花香，那么下次闻到这种气味时，有可能再次变得紧张焦虑。

为什么闻到炸薯条的气味，我们会感到饥饿？

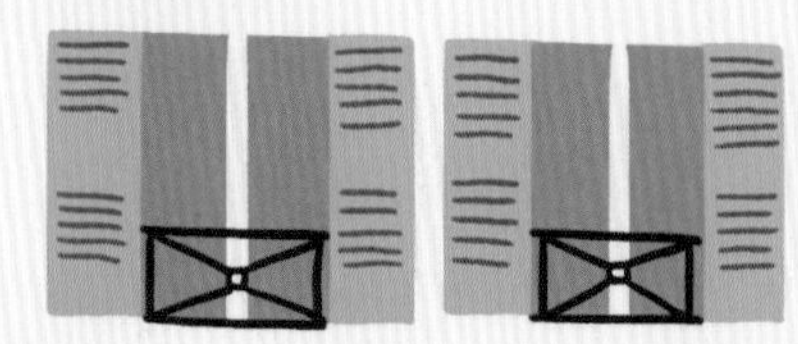

每当闻到炸薯条的气味时，我们的身体就会准备着迎接一顿美味的零食大餐！身体会产生一些**消化液**，这是一些有助于消化的物质。饥饿感会促使我们去寻找食物。

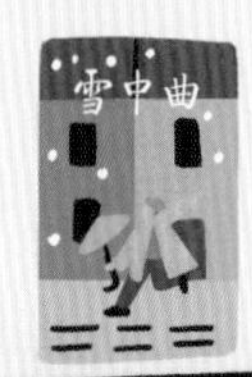

食物释放出一定数量的气味分子后，我们才能探测到气味。即使我们没有意识到气味的存在，它也会对我们产生影响。这就是为什么我们会没来由地不喜欢或喜欢一个人、一个地方。

很久以前，商人就开始利用气味来售卖商品了。他们会让一些气味四处扩散，比如，令刚出炉的羊角面包香气四溢，让新车散发出皮革的气味，让小店里弥漫着森林的清香，或者给食物或卫生用品添加香精。

气味追踪

如果你要去市区的商业中心或电影院，趁机去发现那些为了吸引顾客而被商人们使用的气味吧！它们可能在街上飘荡，可能弥漫在商店里，还可能从某个物体里散发出来。

为什么肥皂闻起来不是肥皂味？

肥皂通常是由不可食用，而且很不好闻的材料做成的。为了使它闻起来很香，人们在肥皂里加入了一种讨人喜欢的**香料**。但是香料的气味并不能完全掩盖肥皂本身的气味。

气味和味道是紧密相关的，原因很简单，嗅觉在很大程度上影响着**味觉**！当我们吃东西时，被咀嚼的食物所散发的气味会升至嗅觉纤毛处，就有了**鼻后嗅觉**。

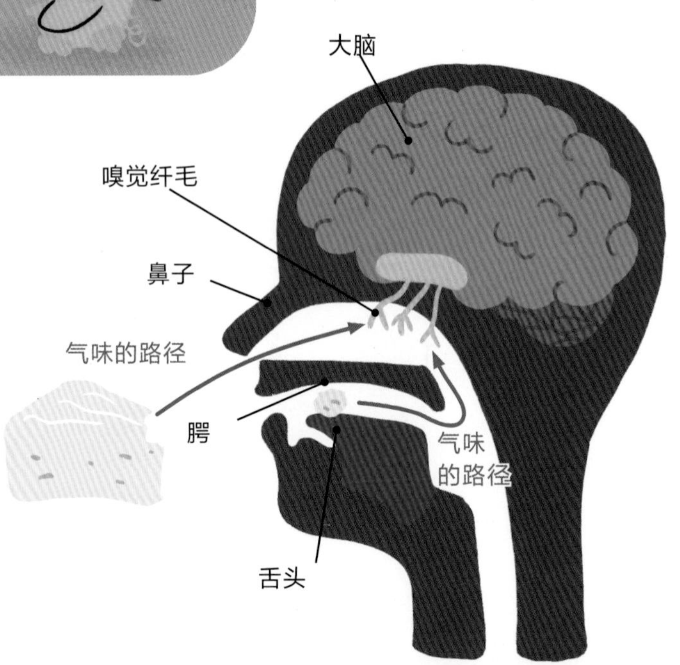

当我们咀嚼食物时，舌头上的味觉感受器探测到的滋味加入到气味中，我们就品尝出了食物的味道。我们感冒时，所有的食物吃起来都淡而无味，与这不无关系！

小实验

让气味更明显

准备 1 块硬质干酪（比如孔泰奶酪）和 1 把刀，还需要 1 台冰箱。

1. 在大人的监督下，将奶酪一分为二：一块放在常温下，另一块放进冰箱里。

2. 1 小时后，将奶酪从冰箱中取出，你闻到了什么？接下来闻一下放在室温里的奶酪，将它们的气味进行比较。

3. 再次品尝两块奶酪（先品尝放在冰箱中的），你比较出不同了吗？

冷藏过的奶酪，气味不如放在常温里的浓烈，味道也更淡，这很正常，因为冰箱里的低温减缓了气味分子的运动速度，大量气味分子无法飞入你的鼻孔，也就不会刺激嗅觉纤毛。

所有人都有同样的气味吗？

每个人都是独一无二的，身上的气味也不例外！我们都有属于自己的气味，这种气味是遗传的，也受到以往经历和目前生活的影响。

我们的皮肤被一层皮脂膜和一些**微生物**保护着。腋窝下的一些细菌以**汗液**为食，同时也会产生气味，这种气味是会改变的。

体育锻炼、洗澡、涂抹护肤美容产品、穿衣、佩戴首饰、吸烟、饮酒、有压力、感到害怕、处于恋爱中……都会对我们的气味产生影响！

小实验

和气味玩捉迷藏

这个游戏至少需要三个人参与。找一个狭小的房间，搬掉里面所有障碍物，避免造成危险。选择一个人当猎人，用布条蒙上他的眼睛。

猎人试着去触碰某人，其他玩家可以移动。当一名玩家被猎人触碰到时，必须立即保持不动。

猎人要试着仅凭气味猜出站立不动的人是谁！如果他猜对了，被猜中的人就成为猎人。

我们的气味也会随着年龄的增长而改变。刚出生的宝宝散发出一种令妈妈迷恋的气味，让妈妈更想好好照顾他。皮肤的脂质分子会随着时间而变化，这样一来，这些分子的气味也会变化，从而也改变了皮肤的气味。

我们生病时，身上的气味会改变吗？

我们生病时，身体里会发生很多变化：产生了一些**化学反应**，出现了一些新的分子，还有一些分子不见了……这一切让我们的气味发生了改变。

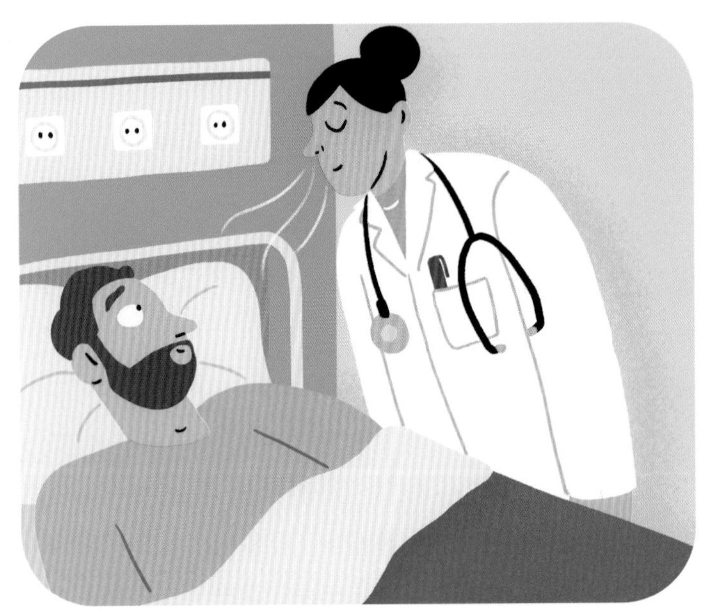

一些专科医生甚至可以用鼻子来识别疾病！糖尿病患者闻起来有糖或苹果的气味，斑疹伤寒患者有新鲜面包的气味，猩红热患者闻起来像割下来的草，疥疮患者有霉味……

但是，病人的气味有时候改变得不是很明显，只有非常灵敏的鼻子才可以闻到。训练有素的狗可以使用它们敏锐的嗅觉，帮助我们尽早发现某些癌症或癫痫病。

利用气味可以发现一些疾病，也可以治疗一些疾病。**气味疗法师**利用气味来帮助患者找回记忆，或者让他们感觉更好。

小实验

练习冥想

你需要找个安静的地方，再准备一些精油和一个香薰机，以及柔和的音乐。

待在一个舒服安静的房间里，让自己放松下来。选择一种你喜欢的精油，在大人的帮助下打开香薰机，让香气在房间里扩散，也可以在手腕处滴一滴精油（选择可用于皮肤的精油）。

播放柔和的音乐，盘腿坐在地毯上，闭上双眼，慢慢地吸气、呼气。什么都不要想，专注于呼吸，感受呼吸之间空气是如何进出你的身体的。

你选择的气味能帮你放松自己。只要你愿意，可以经常做这个练习，时间长短由你来决定。

为什么花儿闻起来那么香？

有些开花植物不能自己传粉，只能使用计谋将花粉放入花的雌性器官里。比如，通过散发好闻的气味吸引**传粉昆虫**，这些昆虫会负责传授花粉。

每一种花的形状、颜色、气味和花期都不尽相同，会吸引偏爱它们的传粉昆虫。为此，蜜蜂兰不仅模仿了蜜蜂的外形，还散发出一种类似雌蜂的气味，这些都让雄蜂无法抗拒！

对于植物来说，气味不仅是一种很好的沟通工具，也可以是保护自己的武器。受到昆虫攻击时，有的植物会散发出一种气味，吸引昆虫的捕食者。卷心菜就是靠这种方法吸引寄生蜂，驱赶菜粉蝶幼虫的。要知道，菜粉蝶幼虫会把卷心菜的叶片吃掉。

对于蚊子来说，我们就有点像吸引它们的花儿。它们通过嗅觉探测到人类的胆固醇和维生素 B 含量最高，这些都是它们生存必不可少的物质。

小实验

躲藏起来的气味

在室外找到一朵很香的花，白天、傍晚和晚上分别闻一闻，你发现了吗，花的气味改变了！

当花儿想吸引传粉昆虫时，香味更浓。大多数花儿在白天散发出更浓的香味就属于这种情况。不过有一些花儿，却在傍晚时分香味更浓，这样能吸引夜行性昆虫。

会不会再也闻不到任何气味了？

和其他感觉一样，我们的**嗅觉**可能会部分丧失（**嗅觉减退**）或完全丧失（**嗅觉丧失**）。烟草、污染以及某些疾病，如感冒、过敏、新型冠状病毒感染，都可能使嗅觉减弱，同时也会影响到味觉。

小实验

消失的气味

将一罐咖啡豆（或者其他气味浓烈持久，且非粉末状的东西）放在鼻子下方，过一会儿，你就完全闻不到咖啡豆的气味了，真令人难以置信！

这个时候，将咖啡豆递给其他人闻一闻，确认一下气味是否还在。气味当然还在，它没有消失，只是你暂时闻不到了。

即使没有生病，当鼻子里充斥着太多气味时，我们也会闻不到。此时，嗅觉受体停止向大脑发送气味存在的信息。幸亏如此！不然的话，我们会不停地闻到各种气味：家中的气味、自己身体的气味……这可是让人难以忍受的事！

每个人对气味的感受都是独一无二的，而且这种感受会随着时间的推移而变化，同时也会因为年龄和性别的差异而有所不同。年轻人和女性，尤其是孕妇，比其他人更容易探测到并识别出气味。至于老年人，他们的嗅觉就没有那么灵敏了。

为什么蛋糕在烘焙时更香？

在烤箱里，由于高温的原因，一些气味分子从蛋糕中飘散出来。热空气会自然地升到冷空气上方，携带着气味分子一起运动，于是，这些气味便会从我们鼻子附近飘过！

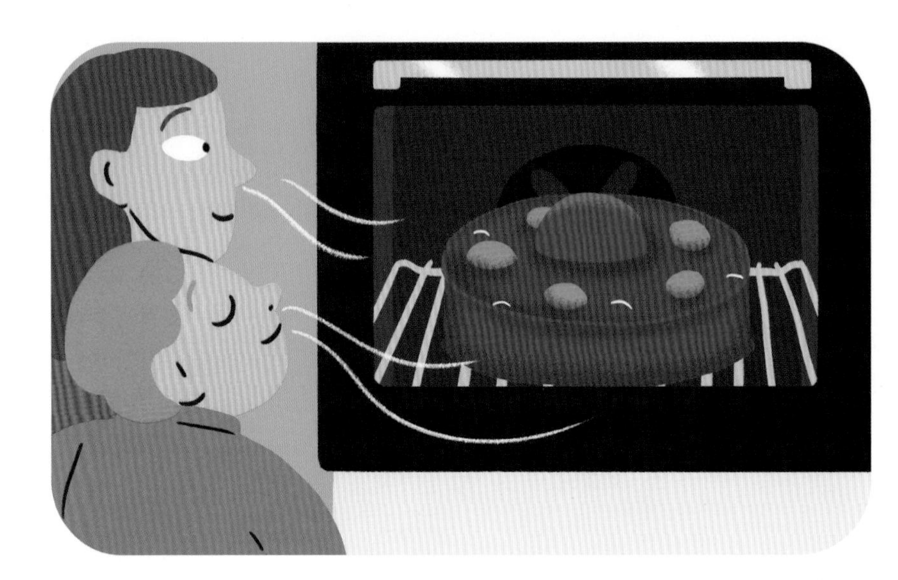

在高温下会发生美拉德反应，这种化学反应会产生一些新的分子，正是这些分子赋予了食物不同的味道、气味和外形。在这种化学反应下，糖变为了焦糖，烤面包闻起来是那么香！

小实验

测试你的嗅觉

如果有人做了一份炖菜，那这可是个测试你鼻子超能力的好时候！

蒙上双眼，试着猜一猜做这道菜肴使用的所有食材。

将菜肴凉凉，再次闻闻它的气味。问一问做这道菜的人，你识别出所有食材了吗？没有的话，还有几种没猜出来？试着去分辨一下它们的气味，争取下一次把它们全部找出来。

因为气味深深影响着味道，所以，如果我们感受不到气味，也就意味着有部分味道随之而去了，这就是为什么有些食物在没有煮熟的情况下吃起来更香。比如薄荷和罗勒，生吃时香味浓郁，但是在煮熟的过程中，气味分子扩散得很快，它们的香味也淡了。

如何制造气味？

我们购买的商品中几乎都加入了某种香料。这些香料有的是从天然产物中**提取**出来的，但大多数是化学产品，也就是**合成香料**。

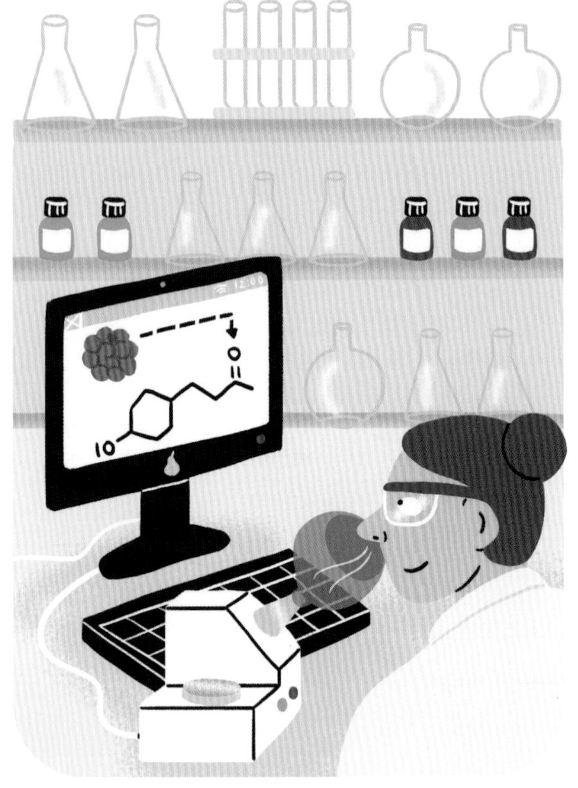

我们可以利用化学产品从天然产物中提取香料，也可以不利用化学产品来提取，具体提取方法因分子特性而异。蒸馏器是一种非常古老的工具，通过加热等步骤，将天然产物中的成分分离，提取出精油。

人工合成的气味可以模拟天然存在的气味，比如覆盆子的香气。化学家必须先找出构成自然气味的分子，然后将它们复制出来。不过，如果这些气味是由数百种分子组成的，找出它们可不是件容易的事！

小实验

制作家用百花罐

准备制作百花罐的混合物，比如花朵、香料、树皮、橘皮、香草，还有 1 个大玻璃罐、1 块布或吸水纸。

1. 将未干透的原材料放在布或吸水纸上，然后转移到干燥、通风、避光的地方，放置 1—2 个星期。在此期间翻动一下这些原材料，使其完全晾干。

2. 将干透的原材料放入玻璃罐中。当你想让房间里飘满香气时，就把罐子打开吧！

香水的香气由 3 部分组成，对应着香气的不同**挥发**速度：

- **前调**，挥发得最快，因此，是最先被闻到的香气；
- **中调**，可以持续数小时的香气；
- **后调**，最持久、挥发最慢的香气。

关于气味的小词典

这两页的内容向你解释了当人们谈论气味时最常用到的词，便于你在家或学校听到这些词时，更好地理解它们。正文中的加粗词语在小词典中都能找到。

鼻后嗅觉：嗅觉纤毛从口腔吸入的空气中感受到的气味。

鼻子：嗅觉器官。在法国，也指一种和香水打交道的职业，即调香师，也就是创造香水的人。

边缘系统：大脑中主要涉及嗅觉、情绪和记忆的区域。

传粉昆虫：将花粉放入花儿的生殖器官中，从而帮助它们繁殖的昆虫。

大脑：位于我们头部的器官，接收各种感觉信息，例如嗅觉信息，并控制我们体内的一切活动。

分子：构成了地球上的一切物质。有些分子是气味的来源，我们将它们称为气味分子。

分子组合：不同类型和数量的分子形成的组合。

汗液：通过毛孔流出来的没有气味的液体，有助于散热。

合成香料：人类利用自己所掌握的技术，运用不同原料制成的香料。

后调：香水中持续时间最长的香味。

化学反应：一些分子在其他分子或变量（例如美拉德反应中的温度）的影响下发生的变化。

挥发：液体变为气体，向四周散发。

扩散：向四面八方散发，比如在空气中散发。

硫磺：一种带有臭鸡蛋气味的分子成分，我们的大脑将其识别为危险成分。

敏锐：反应灵敏。

皮层：覆盖在大脑表面，控制生命体活动。

脐带：连接胎儿肚脐和胎盘的管状器官。胎儿通过脐带从母亲那里得到存活所必需的物质。

气味疗法师：通过气味给他人带来舒适感和关怀的人。

前调：香水最先散发出来并很快消失的香味。

溶解：将一种气体或固体混入到一种溶液中，

直至该气体或固体不再可见。糖放进茶水里便属于这种情况。

神经元： 可以通过电信号与身体其他部位交流的脑细胞。

胎盘： 母亲子宫中的器官，为胎儿提供成长所需的一切。某些分子，例如气味分子，便是通过胎盘进入羊水里的。

探测： 利用某种工具或方式探查某物，确定其是否存在。比如利用嗅觉发现气味分子。

提取： 从一个整体中取出一部分，比如从植物中提取精油。

微生物： 肉眼看不见的生物，包括细菌、病毒、真菌等。

味觉： 感受食物味道的感觉。

无气味的： 识别不到气味。

细胞： 除病毒外，所有生物体的最小构成单位。

细菌： 单细胞微生物，大小只有人体细胞的 4%—20%。细菌在地球上几乎无处不在。

香料： 天然或人工合成的物质，可以给食物增味添香。

消化液： 身体产生的有助于消化的物质。

嗅觉： 能探测并识别气味的感觉。

嗅觉受体： 气味分子的汇集地，位于嗅觉纤毛上。

嗅觉减退： 对气味的感受减弱了。

嗅觉丧失： 失去嗅觉。

嗅觉纤毛： 嗅觉感受组织，位于鼻腔深处。

嗅球： 大脑的一个区域，负责接收和处理来自嗅觉纤毛的信息。

羊水： 妈妈子宫内包裹着胎儿的液体。胎儿闻到羊水的气味，从而感受到妈妈所吃食物的气味。

吲哚： 气味分子，会因为浓度不同而产生花香或粪便味。

中调： 香水的主要香味，能持续较长时间。

图书在版编目（CIP）数据

气味 /（法）安热莉克・勒图兹著 ;（法）奥萝尔・卡里克绘 ；唐波译．— 北京 ：北京时代华文书局，2023.5

（我的小问题．科学．第二辑）

ISBN 978-7-5699-4977-3

Ⅰ．①气…　Ⅱ．①安…　②奥…　③唐…　Ⅲ．①气味－儿童读物　Ⅳ．① P342-49

中国国家版本馆 CIP 数据核字 (2023) 第 082127 号

Written by Angélique Le Touze, illustrated by Aurore Carric

北京市版权著作权合同登记号　图字：01-2022-4656

本书中文简体字版由北京阿卡狄亚文化传播有限公司版权引进并授予北京时代华文书局有限公司在中华人民共和国出版发行。

拼音书名 | WO DE XIAO WENTI KEXUE DI-ER JI QIWEI

出 版 人 | 陈　涛
选题策划 | 阿卡狄亚童书馆
策划编辑 | 许日春
责任编辑 | 石乃月
责任校对 | 张彦翔
特约编辑 | 周　艳　杨　颖
装帧设计 | 阿卡狄亚・戚少君
责任印制 | 訾　敬
出版发行 | 北京时代华文书局 http://www.bjsdsj.com.cn
北京市东城区安定门外大街 138 号皇城国际大厦 A 座 8 层
邮编：100011 电话：010 - 64263661 64261528
印　　刷 | 小森印刷（北京）有限公司 010 - 80215076
（如发现印装质量问题影响阅读，请与阿卡狄亚童书馆联系调换。读者热线：010－87951023）
开　　本 | 787 mm×1194 mm　1/24　　**印　　张** | 1.5
成品尺寸 | 188 mm×188 mm
字　　数 | 36 千字
版　　次 | 2023 年 8 月第 1 版
印　　次 | 2023 年 8 月第 1 次印刷
定　　价 | 98.00 元（全六册）